CONSERVATION

DES OISEAUX

PARIS. — IMPRIMERIE DE J. CLAYE

RUE SAINT-BENOIT, 7

CONSERVATION

DES

OISEAUX

LEUR UTILITÉ

POUR L'AGRICULTURE

PAR

M. le président BONJEAN

SÉNATEUR

PARIS

LIBRAIRIE DE GARNIER FRÈRES

RUE DES SAINTS-PÈRES, 6

1865

CONSERVATION
DES OISEAUX

SÉNAT

SÉANCE DU LUNDI 24 JUIN 1861

RAPPORT

*Fait au nom de la 2ᵉ Commission chargée d'exami-
ner diverses pétitions demandant que des mesures
soient prises pour la conservation des oiseaux qui
détruisent les insectes nuisibles à l'agriculture.*

Le sieur Marchal, ancien député de la
Meurthe, le comice agricole de Toulon, la Société régionale d'acclimatation du Nord-Est, à
Nancy, et le sieur Schœffer, à Robertsau (Bas-
Rhin), demandent que des mesures soient prises
pour la conservation des oiseaux qui détruisent
les insectes nuisibles à l'agriculture.

Ces quatre pétitions méritent de fixer toute l'attention du Sénat.

Elles ne sont point inspirées, comme on pourrait le croire au premier abord, par une sensibilité platonique en faveur d'une classe d'êtres vivants voués à une destruction que ne légitime pas, pour l'homme, la loi suprême de sa propre conservation. Si honorable et si facile à justifier qu'il fût aux yeux d'une saine philosophie, ce sentiment n'est pas celui qui inspire les pétitionnaires. Hommes pratiques et positifs, s'ils vous demandent pour les oiseaux une protection plus efficace que celle résultant de la législation actuelle, ce n'est point par pur amour des oiseaux, c'est uniquement dans l'intérêt de l'agriculture, très-sérieusement menacée, affirment-ils, si l'on continue à détruire les seuls auxiliaires qui puissent arrêter efficacement la propagation des insectes, fléau des cultures de toute nature.

Ces pétitions soulèvent plusieurs questions de

fait et de droit, que je vais rapidement examiner..
Pour les premières, à défaut de toute compétence personnelle, nous avons consulté, autant qu'il a dépendu de nous et du temps qu'il nous était permis d'y consacrer, les hommes les plus autorisés en histoire naturelle et en agriculture : c'est donc en leur nom, pour ainsi dire, que nous vous soumettrons certains faits que nous n'avons pas qualité suffisante pour affirmer. Au surplus, pour le dire en passant, toutes les classes de citoyens reconnaissent si bien, aujourd'hui, l'importance du droit de pétition, tel que le Sénat le pratique, que partout nos plus importunes questions ont reçu le meilleur accueil[1].

§ Ier. IMPORTANCE DES OISEAUX POUR L'AGRICULTURE.

I. Il existe en France, Messieurs les Séna-

[1]. Le rapporteur doit des remerciements particuliers à M. Geoffroy Saint-Hilaire et à son digne collaborateur M. Florent-Prévost.

teurs, plusieurs milliers d'espèces d'insectes,
presque toutes douées d'une effrayante fécondité[1], presque toutes aussi vivant exclusivement
aux dépens de nos végétaux les plus précieux,
ceux qui fournissent à l'homme sa nourriture,
ses bois de construction ou de chauffage.

Le chêne robuste a pour ennemis le lucane,
le cerambyx heros, etc.

A l'orme s'attachent les scolytes destructeurs.

Les pins et sapins succombent sous les attaques des bostriches, de la nonne, du scarabée
typographe.

1. L'effrayante fécondité des insectes est un des faits les
mieux démontrés en histoire naturelle. — Dans un seul phlœotribus, si fatal à l'olivier, un naturaliste a compté 2,000 œufs.—
Pendant ces dernières années, pour arrêter les ravages de la
nonne, on a essayé, dans la Prusse orientale, d'en faire ramas-
ser les œufs. En un seul jour, et pour une seule verderie, il en
fut ramassé quatre boisseaux ou 180 millions environ. Dans une
autre verderie de la haute Silésie, vers la frontière d'Autriche,
il en fut apporté, en neuf semaines, 117 kilogrammes, représentant 230 à 240 millions. (Docteur Gloger, de Berlin, dans un
article dédié au cardinal-archevêque de Bordeaux, tome VII
du *Bulletin de la Société protectrice des animaux,* page 322.)

L'arbre de Minerve, le précieux olivier, voit son bois miné par le phlœotribus, tandis que ses fruits sont dévorés par les larves innombrables de la mouche de l'olivier *(dacus oleœ)*.

La vigne résiste à peine, en certaines localités, aux ravages de la pyrale.

Le blé et les autres céréales sont attaqués, dans leurs racines, par le ver blanc (larve du hanneton); sur pied, avant la floraison, par la cécidomyie; plus tard, au moment où se forme le grain, par le charançon *(calandra granaria)*, etc.

Le colza et les autres crucifères n'ont pas des ennemis moins nombreux. Plusieurs variétés d'altises détruisent le plant à sa sortie de terre; d'autres parasites attendent que la silique soit formée pour y élire domicile, et se nourrir aux dépens de la graine.

Les racines de toutes les légumineuses sont mangées par les courtilières et autres insectes fouilleurs, tandis que la larve de la bruche vit

cachée dans les pois et les lentilles, dont elle
ne nous laisse que l'enveloppe.

Ce que les insectes ont épargné est-il au
moins assuré au laboureur?... Non : une multitude de petits rongeurs, mulots, campagnols,
rats et souris, après avoir vécu, aux champs,
aux dépens de la récolte, pénètrent dans la
grange et y prélèvent une nouvelle dîme sur
les gerbes appauvries.

Qui pourrait calculer les pertes qui résultent,
pour l'agriculture, de toutes ces causes
réunies?

C'est depuis peu d'années seulement que la
science a compris qu'il y avait là, pour elle, un
grand devoir social à remplir; c'est d'hier,
pour ainsi dire, que ces questions sont à
l'étude : la statistique n'offre donc, en ce moment encore, que des renseignements incom-
plets qu'il convient de n'invoquer qu'avec cir-
conspection.

Toutefois, les lamentations des pays vinicoles,

au sujet de la pyrale, attestent assez la grandeur du mal, pour ce genre de culture. — De 1828 à 1837, en dix années et seulement dans vingt-trois communes du Mâconnais et du Beaujolais, représentant trois mille hectares de vignes, les dommages causés par la pyrale furent évalués, d'après un calcul fondé sur des bases fournies par l'administration des contributions, à 34,080,000 francs, soit plus de trois millions par an. — Aux Thorins, notamment en 1837, sur une propriété qui rapportait ordinairement 5,000 hectolitres de vin, on n'en récolta que 22. — Le gouvernement dut accorder des dégrèvements considérables sur l'impôt foncier. Plusieurs propriétaires découragés vendirent leurs vignes à vil prix; d'autres les arrachèrent pour y substituer de nouvelles cultures. — Des ravages analogues, quoique moins considérables, furent constatés, à la même époque, dans les départements de la Côte-d'Or, de la Marne, de la Charente-Inférieure, de la Haute-

Garonne, des Pyrénées-Orientales et de l'Hérault, et toujours dans les crûs les plus fins[1].

Quant aux céréales, on n'évalue pas à moins de 4 millions de francs, au plus bas, la valeur du blé que fait avorter, en une seule année, dans l'un de nos départements de l'Est, la seule larve cécidomyique[2]. — Dans une notice spéciale, et d'après un grand nombre de faits soigneusement étudiés, M. Bazin n'hésite pas à attribuer à cet insecte l'insuffisance des ré-

1. Voir le grand ouvrage publié par M. Victor Audouin, membre de l'Institut, que le gouvernement avait chargé d'aller étudier sur place les moyens de combattre le fléau : un volume grand in-4°, 359 pages et 33 planches coloriées; Paris, chez Fortin et Masson, 1842; pages 111 à 150 et 323 à 332. — L'auteur expose avec détail les divers moyens, plus impraticables les uns que les autres, qui furent proposés pour détruire la pyrale, sous sa quadruple forme d'œuf, de chenille, de chrysalide et de papillon (pages 205 à 277). Quelques centaines de mésanges en eussent plus fait que les efforts réunis de milliers de vignerons; mais, comme de raison, ce fut l'idée qui se présenta la dernière.

2. *Ami des sciences* du 9 août 1857.

coltes, dont nous eûmes tant à souffrir, durant les trois années qui précédèrent 1856 : dans certains champs, la perte s'éleva à près de moitié de la récolte [1].

Pour le colza, une monographie très-bien faite, par l'un des professeurs de l'ancien Institut agronomique de Versailles, a constaté, d'après des expériences faites avec le plus grand soin, sur une récolte dépendant de cet établissement : que, sur 20 siliques, prises au hasard et fournissant 504 graines, 296 graines seulement étaient saines; le surplus avait été mangé par les insectes, ou s'était flétri par l'effet de leurs piqûres; que, par suite, il y avait eu perte, en huile, de 32,8 pour 100; et plus spécialement, que sur une récolte ayant produit 4,500 francs, il fallait compter une perte de 2,700 francs, qui, si elle eût pu être

---

1. *Notice* sur un insecte qui a causé les plus grands ravages dans nos dernières récoltes de blé sur pied. -- Paris, 1856, in-8°, 32 pages avec planche.

évitée, aurait porté le produit à 7,200 francs [1].

En Allemagne, au témoignage de Latreille, la nonne (*phalæna monacha*) a fait périr des forêts entières [2]. — En 1810, les bostriches avaient tellement envahi la forêt de Tannesbuch, située dans le département de la Roër, qu'un décret dut ordonner d'abattre la forêt et de brûler sur place les branches, racines et bruyères [3]. — Dans la Prusse orientale, il a fallu abattre, il y a trois ans, dans les forêts de l'État, plus de 24 millions de mètres cubes de sapins, contrairement à tous les règlements forestiers, uniquement parce que les arbres périssaient sous les attaques des insectes [4].

Nos Amiraux vous parleront, avec plus d'au-

1. M. Focillon, *Des insectes qui nuisent au colza.* — Paris, 1851; 41 pages, in-4°, avec planches.

2. Latreille, *Histoire des insectes.*

3. Baudrillart, *Dictionnaire des forêts;* v° *Insectes.* — Gadebled, *Police des chasses,* pages 172 et suiv.

4. Docteur Gloger, de Berlin, *loco citato,* page 322. — M. Tschudi, *Des insectes et des oiseaux,* pages 14 et 15, cite des faits analogues non moins remarquables.

torité que moi, des termites qui, principalement à La Rochelle et à Rochefort, détruisent les bois de nos chantiers maritimes, et jusqu'aux registres des archives.

Si considérables que soient ces ravages, on s'étonne qu'ils ne le soient pas davantage encore, quand on considère la prodigieuse fécondité dont sont douées ces espèces malfaisantes; et, si Dieu n'y eût pourvu par des moyens dignes de sa sagesse, depuis longtemps toute végétation aurait disparu de la surface de la terre.

II. Et, en effet, contre de tels ennemis l'homme est frappé d'impuissance.

Son génie peut mesurer le cours des astres, percer les montagnes, faire marcher un navire contre la tempête; les monstres des forêts, il les tue ou les soumet à ses lois; mais devant ces myriades d'insectes, qui, de tous les points de l'horizon, viennent s'abattre sur ces champs

cultivés avec tant de sueurs, sa force n'est que
faiblesse. Son œil n'est pas assez perçant pour
apercevoir seulement la plupart d'entre eux; sa
main est trop lente pour les frapper [1]; et d'ailleurs, quand il les écraserait par millions, ils
renaissent par milliards. D'en haut, d'en bas, à
droite, à gauche, leurs innombrables légions se
succèdent et se relayent sans trêve ni repos.
Dans cette indestructible armée, qui marche à
la conquête de l'œuvre de l'homme, chacun à
son mois, son jour, sa saison, son arbre, sa
plante : chacun connaît son poste de combat,
et nul ne s'y trompe jamais.

Dès le commencement des âges, l'homme eût
succombé dans cette lutte inégale, si Dieu ne
lui eût donné, dans l'oiseau, un auxiliaire
puissant, un allié fidèle qui s'acquitte à mer-

---

1. La cécidomyie est un moucheron de deux millimètres de
longueur; le charançon a cinq millimètres; la pyrale a vingt
millimètres.—Quant aux œufs, ils sont presque imperceptibles,
tant par leur petitesse que par les lieux où la plupart sont déposés.

veille de l'œuvre que lui, homme, ne saurait accomplir[1].

Cette mission providentielle de l'oiseau a pu passer longtemps pour une exagération poétique ; aujourd'hui, grâce aux travaux des naturalistes modernes, et notamment de M. Florent-Prévost, aide-naturaliste à notre Muséum d'histoire naturelle, elle a pris rang parmi les vérités les mieux démontrées de la science.

A l'aide des facilités qui lui ont été données par les administrateurs des forêts et des domaines de la Couronne, et dans une suite d'études poursuivies avec persévérance depuis bientôt quarante ans, ce modeste et savant investigateur est parvenu à constater, expérimentalement, semaine par semaine, le régime alimentaire des oiseaux de nos climats. Par l'examen attentif des débris trouvés dans leurs estomacs, il a pu déterminer, pour chaque es-

1. Buffon, cité par M. Gadebled, page 178. — Michelet, *l'Oiseau*, passim.

pèce, non-seulement dans quelle proportion elle se nourrit d'insectes, mais quelles espèces en particulier elle recherche et détruit, et par conséquent quels végétaux elle protége contre leurs ennemis.

Les estomacs ainsi étudiés sont conservés sous une triple forme, et ils ont commencé une collection nouvelle, qui prendra rang parmi les plus intéressantes du Muséum. De plus, M. Florent-Prévost a dressé des tableaux ingénieusement disposés, qui permettent de saisir facilement les résultats obtenus.

Ces travaux, encore inédits pour la plupart, dont le mérite a été plus d'une fois mis en lumière par M. Geoffroy Saint-Hilaire, ont reçu de l'Académie des sciences et de plusieurs sociétés savantes les plus honorables témoignages d'approbation [1]. Avec un empressement dont nous sommes heureux de le remercier ici publi-

1. M. Geoffroy Saint-Hilaire, *Acclimatation des animaux utiles,* page 122 et suiv., et notamment page 125, note 2.

quement, **M.** Florent-Prévost a bien voulu mettre à la disposition de votre rapporteur ses collections, ses tableaux et surtout l'inépuisable obligeance dont notre inexpérience avait tant besoin.

Nous ne pouvons songer à faire passer sous les yeux de l'assemblée ces intéressants documents ; mais, pour peu que quelqu'un de nos collègues en témoigne le désir, nous pourrons joindre à ce rapport, dans l'impression de nos procès-verbaux, deux ou trois de ces tableaux, qui donneront une idée du degré de certitude auquel la méthode de l'habile naturaliste a pu le conduire sur des faits qui en paraissaient peu susceptibles.

De l'ensemble de ces remarquables recherches, il résulte qu'au point de vue des services rendus à l'agriculture, les trois cent trente espèces d'oiseaux qui pondent dans notre pays, peuvent se ranger en trois classes principales :

1re *classe.* — Dans la première classe nous

rangerons les oiseaux bien décidément *nui-sibles,* du moins indirectement, en ce qu'ils détruisent beaucoup d'oiseaux insectivores : ce sont, dans l'ordre des *rapaces,* presque tous les oiseaux de proie *diurnes* [1], et dans celui des *omnivores,* les corbeaux, les pies et les geais [2]. — Dans cette proscription en masse de ces deux ordres malfaisants, la justice veut toutefois qu'on fasse une honorable exception en faveur de la buse commune et de la buse bondrée, dont chaque individu détruit environ six mille souris par an [3], et surtout qu'on fasse grâce entière à la corneille freux ou *moisson-neuse,* qui rend tant de services pour la destruction du ver blanc, et qui se distingue aisément des autres corvidés par les reflets métalliques de son plumage [4].

1. Il y en a vingt-sept espèces.

2. Tschudi, *Les insectes nuisibles et les oiseaux,* pages 25 et 26. Paris, 1860. — Gloger, ouvrage déjà cité.

3. Tschudi, page 24. — Gloger, page 302.

4. Gloger, pages 305 et 307.

2e *classe*. — Dans la deuxième classe viennent se placer les *granivores,* ou plus exactement les oiseaux à double alimentation ; car, à l'exception du pigeon [1], il n'est pas un seul oiseau qui soit purement granivore : tous se nourrissent, en même temps ou suivant les saisons, de grains et d'insectes. Nuisibles sous le premier rapport, utiles sous le second, il y aurait, suivant M. Geoffroy Saint-Hilaire, à établir la balance entre les services qu'ils rendent et le mal qu'ils font [2] : tels sont les moineaux et autres gros becs. — Plus hardis, M. Florent-Prévost et quelques autres naturalistes estiment que la somme des avantages dépasse de beaucoup

1. S'ils ne détruisent pas d'insectes et s'ils causent quelque dommage à l'époque des semailles, les pigeons, sauvages et domestiques, rendent d'incontestables services, le reste de l'année, en consommant en grande quantité les semences de la vesce sauvage, du bluet, de la nielle, et, en outre, les graines vénéneuses de l'érule que les autres granivores ne peuvent manger impunément. (Gloger, page 324.)

2. Gloger, pages 314 et 324. — Geoffroy Saint-Hilaire, *Acclimatation...,* page 125.

celle des inconvénients; et les faits semblent justifier cette opinion.

Le plus mal famé de ces oiseaux suspects est sans contredit le moineau, si souvent flétri comme un pillard effronté.—Eh bien! si les faits mentionnés dans les pétitions sont exacts, à la différence de beaucoup de gens, cet oiseau vaudrait mieux que sa réputation. On raconte, en effet, que sa tête ayant été mise à prix en Hongrie et dans le pays de Bade, cet intelligent proscrit avait abandonné complétement ces deux pays; mais, bientôt, on reconnut que lui seul pouvait soutenir la guerre contre les hannetons et les mille insectes ailés des basses terres, et ceux-là mêmes qui avaient établi des primes pour le détruire, durent en établir de plus fortes pour en opérer le rapatriement [1] : ce fut double dépense, châtiment ordinaire des mesures précipitées. — Le grand Frédéric avait aussi déclaré la guerre aux moineaux, qui ne respec-

1. M. Marchal, pétition nº 152, et M. Dumast, pétition nº 391.

taient pas son fruit favori, la cerise. Naturelle-
ment les moineaux ne songèrent pas à résister
au vainqueur de l'Autriche ; ils disparurent ;
mais, au bout de deux ans, non-seulement il n'y
eut plus de cerises, mais encore il n'y eut presque point d'autres fruits : les chenilles les man-
geaient tous ; et le grand roi, vainqueur sur
tant de champs de bataille, s'estima heureux de
signer la paix, au prix de quelques cerises, avec
les moineaux réconciliés [1].

Du reste, M. Florent-Prévost a constaté que,
suivant les circonstances, les insectes entrent
pour moitié au moins, souvent dans une proportion beaucoup plus forte, dans le régime alimentaire du moineau. C'est exclusivement avec
des insectes que cet oiseau nourrit son avide
couvée ; en voici une preuve remarquable. A
Paris, où cependant les débris de nos propres
aliments fournissent au moineau une nourriture
abondante, qui semble devoir le dispenser des

1. Tschudi, déjà cité, page 19.

fatigues de la chasse, un couple de ces oiseaux ayant fait son nid sur une terrasse de la rue Vivienne, on recueillit les élytres de hannetons qui avaient été rejetés du nid; on en compta 1,400 : c'était donc 700 hannetons détruits par un seul ménage, pour l'alimentation d'une seule couvée [1].

Ajoutons, à la décharge de cet accusé, qu'il est devenu presque domestique, en ce sens qu'il ne vit qu'auprès des demeures de l'homme; et peut-être, lui aussi, a-t-il été corrompu par l'excès de la civilisation.

A Montville (Seine-Inférieure), on avait aussi proscrit les corneilles; on ne tarda pas à reconnaître que leurs ravages ne pouvaient se

[1]. Ce fait, attesté verbalement au rapporteur par M. Florent-Prévost, s'est passé chez M. Ray, ancien négociant. — Voir en outre M. Châtel, *Utilité et réhabilitation du moineau* (Angers, 1858); — M. Dupont, dans les *Transactions of the royal Society of Mauritius ;—Bulletin de la Société d'acclimatation de Nancy,* 1859, page 356.

comparer à ceux qu'elles empêchaient; et la corneille fut honorablement réhabilitée [1].

3e *classe*. — Si les moineaux et les corvidés nous font payer leurs services, voici d'autres oiseaux, et ils sont de beaucoup les plus nombreux, qui nous en rendent à titre purement gratuit.

Ce sont d'abord les oiseaux de proie *nocturnes*, chouettes, effraies, scops, hiboux [2] que l'ignorance poursuit sottement comme animaux de mauvais augure. L'agriculteur devrait les bénir; car, dix fois mieux que les meilleurs chats, et sans menacer comme ceux-ci le rôt et le fromage, les oiseaux de cet ordre font une guerre acharnée aux rats et aux souris, si funestes aux récoltes engrangées, et détruisent. dans les champs, d'innombrables quantités de campagnols, de mulots, de loirs et de lerrots.

1. Baron Dumast, extrait du *Bulletin de la Société d'acclimatation de Nancy,* 1857, pages 10 et 11.

2. On en compte neuf espèces, dont sept sont sédentaires.

qui, sans ces nocturnes chasseurs, deviendraient bientôt un fléau intolérable[1]. En signalant les ravages causés par ces petits rongeurs dans les semis et plantations, Buffon donne une idée de leur multiplication : en trois semaines, il en fit prendre plus de 2,000 dans une pièce de quarante arpents[2]. — D'après les observations du naturaliste anglais Whitte, un couple d'effraies détruit, chaque jour, au moins 150 petits rongeurs : quel est le chat qui pourrait donner un tel résultat[3] ?

Ajoutons que, seuls avec l'engoulevent, ces

1. Gloger, dans l'ouvrage déjà cité, page 301, raconte qu'en 1857, dans une terre située près de Breslau, en Silésie, on prit 200,000 souris en six semaines. La fabrique de poudrette de Breslau les payait un centime la douzaine, et, à ce prix, les preneurs les plus adroits gagnaient jusqu'à 22 sous par jour. Elles entrèrent en si grande foule dans les granges, qu'on en tua plus de 2,000 devant celle d'un des moindres propriétaires, pendant qu'on la vidait pour la nettoyer.

2. Buffon, *Histoire naturelle*, tome VII, page 328 et suiv.

3. Tschudi, déjà cité, page 23. — Mémoire de M. Châtel, de Vire. — Lettre de M. Girardeau-Leroy au *Journal du Loiret*.

oiseaux peuvent faire la chasse aux papillons de nuit et aux insectes crépusculaires dont plusieurs sont fort nuisibles [1].

Enfin, Messieurs les Sénateurs, mais incontestablement au premier rang, pour les services qu'ils nous rendent, viennent tous les oiseaux purement *insectivores* [2] : les grimpereaux, le pivert, l'engoulevent, le coucou [3], les différentes variétés d'hirondelles; mais surtout ces charmants musiciens des champs, tous ces insecti-

1. Tschudi, déjà cité, page 23.

2. On en compte en France soixante-neuf espèces, dont vingt-cinq seulement sont sédentaires.

3. Le coucou est surtout utile pour la destruction des chenilles couvertes de poils longs et piquants qui répugnent aux autres oiseaux, et notamment des *processionnaires*, si funestes aux forêts (Gloger, pages 310 à 313; Tschudi, page 21). — Ce dernier auteur raconte qu'en 1817, une grande forêt de sapins, en Poméranie, souffrit tellement des attaques des chenilles qu'elle commençait déjà à se dessécher, lorsque, tout à coup, elle fut sauvée par une bande de coucous, qui, quoique déjà en émigration, s'établirent dans la forêt, et, en quelques semaines, nettoyèrent si bien les arbres que, l'année suivante, le mal ne se renouvela pas.

vores vulgairement désignés sous les expressions collectives de *petits-pieds* ou *becs-fins :* rossignols, fauvettes, traquets, rouges-gorges, rouges-queues, bergeronnettes, pipits, pouillots, roitelets et le troglodyte, cet ami des chaumières, qui, tous à l'envi, nous rendent d'inappréciables services, services aussi gratuits que mal récompensés, parce qu'on ne s'en fait pas une idée suffisamment exacte.

Permettez-moi donc d'en citer un exemple qui m'est fourni par l'un des tableaux de M. Florent-Prévost, relatif au martinet. Dix-huit de ces oiseaux furent tués du 15 avril au 29 août, à la fin de la journée, au moment où ils rentrent au nid. Les insectes, dont les débris furent retrouvés dans les estomacs, ne montaient pas à moins de 8,690, ce qui donne, pour chaque jour et pour chaque oiseau, une moyenne de 483 insectes détruits. Un autre tableau présente des résultats analogues pour la fauvette d'hiver. Et, parmi les insectes ainsi anéantis, figurent précisément les plus redoutables pour nous : le charançon des blés, la pyrale, le hanneton, et une foule d'autres coléoptères destructeurs.

Or, ce que cause de mal un seul de ces insectes, vous pouvez, Messieurs les Sénateurs, vous en faire une idée, en vous rappelant que le hanneton pond de 70 à 100 œufs, bientôt transformés en autant de vers blancs qui, pendant une ou deux années, vivent exclusivement aux dépens des racines de nos végétaux les plus précieux. — Le charançon du blé produit 70 à 90 œufs qui, déposés dans autant de grains de blé, s'y développent en larves qui en dévorent le contenu ; c'est donc la valeur d'un épi au moins perdue par le fait d'un seul charançon. — La pyrale dépose, sur les feuilles de la vigne, 100 à 130 œufs d'où sortent autant de chenilles qui, après s'être cachées sous l'écorce pendant l'hiver, en sortent au printemps pour ronger, en mai et en juin, les feuilles et les bourgeons.

Voilà 100 à 130 grappes de raisin qu'une seule pyrale détruit en leur germe [1].

Et maintenant, si vous rapprochez les deux ordres de chiffres que je viens de mettre sous vos yeux, en admettant que, sur les 500 insectes détruits en un jour par un seul oiseau, il y ait seulement un *dixième* de ces êtres malfaisants : par exemple, quarante charançons et dix pyrales (et ces chiffres sont au-dessous de la vérité), c'est en moyenne, 3,200 grains de blé et 1,150 grappes de raisin qu'en un seul jour ce petit oiseau vous aura sauvés.

Faites la part aussi large que vous voudrez aux autres causes naturelles qui auraient pu

---

1. C'est, en effet, à l'état de chenille que la pyrale exerce ses ravages. Quand, vers les premiers jours de mai, cette chenille sort de la retraite où elle a passé l'hiver, elle n'a pas plus de quatre millimètres ; elle en a huit, dix et même davantage, au moment de se transformer en chrysalide, dans les premiers jours de juillet. En estimant à une grappe la perte causée, en deux mois, par l'une de ces voraces chenilles, on reste certainement au-dessous de la vérité (Audouin, déjà cité, pages 97 à 102).

arrêter les ravages de ces insectes; réduisez, autant qu'il vous plaira, celle de l'oiseau, il en restera toujours assez pour justifier ce mot profond d'un contemporain : « L'oiseau peut vivre « sans l'homme; mais l'homme ne peut vivre « sans l'oiseau. »

Et en effet, qui donc, excepté le petit oiseau, pourrait guetter et saisir le charançon, long de 5 millimètres, quand, au milieu d'un champ de blé, il s'apprête à déposer ses œufs dans les grains en voie de formation? Qui pourrait saisir le papillon de la pyrale alors que, dans le même but, il voltige autour des ceps, ou la chenille du même insecte, quand elle sort au printemps, longue de 4 à 5 millimètres [1]?

Qui pourrait surtout atteindre ces œufs et ces larves microscopiques, dont une seule mésange consomme plus de 200,000 en une année [2]?

1. Voir la note précédente.

2. Gloger, déjà cité, page 323.— M. Girardeau-Leroy a constaté, par expérience directe, qu'en 21 jours, temps nécessaire

III. Ces auxiliaires indispensables, ces amis et ces alliés fidèles, l'homme reconnaissant les aura sans doute pris sous sa protection spéciale; il se sera appliqué à détruire les espèces ennemies qui leur font la guerre; l'oiseau de proie, qui les saisit au vol, la couleuvre qui se glisse dans le nid pour y dévorer la couvée et souvent la mère avec les petits... Non, comme s'il voulait justifier, une fois de plus, cet apostrophe du fabuliste :

> ... Trouve bon qu'avec franchise,
> En mourant, au moins je te dise
> Que le symbole des ingrats
> Ce n'est point le serpent, c'est l'homme. .

c'est l'homme qui, par un étrange aveuglement, se montre le plus terrible ennemi de ces douces et utiles créatures. Plus cruel que le milan et

aux mésanges pour élever leurs petits, une nichée de ces oiseaux avait consommé 45,000 chenilles (*Bulletin de la Société protectrice des animaux*, 1857, page 125).

l'épervier, qui tuent pour se nourrir, lui tue pour le seul plaisir de détruire.

Le fusil n'est pas assez meurtrier; on le réserve d'ailleurs pour un plus noble gibier. C'est avec une multitude d'engins, filets, gluaux, collets, raquettes, sauterelles, etc., qu'il poursuit, avec une rage aveugle, ces amis aussi charmants qu'indispensables, que la bonté de la Providence lui avait accordés.

Je vous épargnerai, Messieurs, la description de ces chasses barbares. Il en est qui soulèvent le cœur de dégoût et d'horreur : la raquette ou sauterelle, par exemple, où la victime, ses pauvres petits os brisés par le piége, expire d'épuisement et de souffrance, après plusieurs heures d'agonie [1].

Mais ce qui peut vous être dit, c'est la désas-

1. Sur les engins employés en Lorraine pour la chasse aux petits oiseaux, voir une notice du docteur Cordier, insérée au *Bulletin de la Société protectrice des animaux,* 1856, pages 30 et suiv. — Pour la Provence et le Languedoc, voir Jouquières-Antonelle, Bulletin de la même société, 1857, p. 134 et suiv.

treuse quantité d'oiseaux utiles qui, chaque année, sont ainsi voués à la mort, dans toute la France et principalement dans l'Est et le Midi.

Dès que le retour du printemps ramène dans nos contrées, par les bords de la Méditerranée, ces alliés fidèles que nos hivers ont forcés à l'émigration, voici l'accueil qui leur est fait, depuis le Var jusqu'au Pyrénées-Orientales. Aux environs de Marseille et de Toulon et des autres villes ou villages de la côte, toutes les hauteurs sont garnies d'engins de chasse ; et, au témoignage d'un homme digne de foi qui a étudié spécialement le sujet, M. Sacc, pendant les quelques mois que dure la chasse, chaque chasseur détruit de 100 à 200 becs-fins, par jour. La pétition du comice de Toulon n'exagère donc rien, quand elle affirme que c'est par *myriades* que ces oiseaux sont détruits au passage, au grand dommage de nos départements du Centre et du Nord, où ils n'arrivent plus qu'en nombre

insuffisant pour remplir leur mission providen-
dentielle [1].

Dans l'Est et notamment dans l'ancienne Lorraine, des faits analogues se reproduisent, ainsi

1. Lettre de M. Sacc, citée par M. Geoffroy Saint-Hilaire,
Acclimatation et domestication, page 121. — Avec certains filets
décrits par M. Jouquières-Antonelle, un chasseur provençal
ou languedocien prend trente-cinq à quarante douzaines de petits oiseaux par jour. La destruction porte surtout sur les hirondelles qui, si on les épargnait, pourraient débarrasser la Provence des mouches et des cousins qui sont pour les étrangers un
supplice intolérable (Jouquières-Antonelle, même Bulletin,
page 136).

En Italie, la chasse aux petits oiseaux est une passion qui ap-
proche de la folie. A l'époque de la migration des oiseaux, au
printemps et surtout à l'automne, gens de tout âge et de toute
condition, enfants et vieillards, nobles, négociants, prêtres, ou-
vriers et paysans, tous abandonnent leur travail accoutumé
pour attaquer ces hôtes passagers. Ce qu'on en détruit est inouï.
Dans un seul district, aux bords du lac Majeur, le nombre des
petits insectivores égorgés, chaque automne, est de 60 à 70,000.
On évalue à plusieurs millions ceux qui périssent aux environs
de Vérone, Bergame, Brescia; et il en est de même dans tout
le reste de la Péninsule aussi bien qu'en Sicile. Aussi le beau
pays des orangers n'est-il plus guère égayé par le chant des
oiseaux. — Dans la Suisse italienne, dans le canton du Tessin,
le moineau même est devenu une rareté. (Tschudi, p. 12 et 13.)

que l'atteste la pétition de la Société d'acclimatation de Nancy [1].

Et pourquoi cette *boucherie,* comme l'appelle
le comice de Toulon ? Invoquera-t-on le droit
pour l'homme de se nourrir des animaux? Mais
ce n'est pas sérieusement qu'on voudrait légitimer ainsi la destruction de ces petits êtres
dont chacun fait à peine une bouchée. Est-ce
aussi une nourriture que ces oiseaux-mouches
de l'ancien monde, le troglodyte et le roitelet,
qui ne sont qu'une bouffée de plumes? — Non,
ce n'est pas alimentation, c'est gourmandise bru-
tale qu'il faudrait dire.

Et cependant, si on calcule, même au plus
bas, combien de sacs de blé, de tonneaux de vin
et d'huile représente par une de ces *brochettes*
de victimes dont il est d'usage de parer la table
en certains pays, on demeurera convaincu que
Lucullus, dans toute sa gloire, ne fit jamais re-

1. M. le baron Dumast, dans un extrait du *Bulletin de la
Société d'acclimation du Nord-Est,* joint à l'une des pétitions.

pas si coûteux, et que, pour trouver exemple
d'un tel luxe, il faudrait remonter à la fameuse
perle de Cléopâtre.

Au surplus, cette misérable excuse de la sen-
sualité satisfaite ne saurait même être invoquée
par ces chasseurs, qui, pour faire parade
d'adresse, ou même simplement pour décharger
leur arme avant de rentrer au logis, abattent
l'hirondelle au vol rapide, la mère peut-être qui
porte la nourriture à la jeune couvée affamée.
A ces hommes, si cruels par irréflexion, n'est-
il pas permis de faire observer qu'en détruisant
cinq cents insectes, dans cette journée que leur
plomb meurtrier a faite la dernière pour elle,
cette pauvre hirondelle avait mieux mérité de
l'humanité que dix chasseurs revenant à la mai-
son la gibecière pleine?

N'est-ce pas aussi par pure ignorance que
l'habitant des campagnes cloue sur sa porte,
avec un sot orgueil, le hibou, l'engoulevent, le
scops, dont sa malencontreuse adresse vient de

priver ses champs et ses greniers? Que n'y cloue-t-il plutôt son chat?

Et comme si ce n'était pas assez des hommes dans cette guerre d'extermination, voilà les en-fants qui viennent y prendre part avec l'impi-toyable insoucia--ce de leur âge.

Cet âge est sans pitié,

a dit **La Fontaine**. Oh! oui, véritablement sans pitié sont ces enfants des campagnes, qui font l'école buissonnière pour aller *dénicher les nids,* comme ils disent. Les œufs et les jeunes cou-vées, tout leur est bon : n'ont-ils pas à briser les uns, à faire périr misérablement les autres de faim et de tortures?

Et les parents de ces jeunes drôles, au lieu de les renvoyer à l'école convenablement fustigés, assistent avec une froide indifférence à ces actes de cruauté. Parents et enfants ignorent sans doute cette belle parole de l'Écriture: « Si en te « promenant tu trouves en ton chemin, sur un

« arbre ou à terre, un nid d'oiseaux et la mère
« couvant les petits ou les œufs, tu ne prendras
« point la mère ni les petits; mais tu les laisse-
« ras en liberté, pour qu'il ne te mésarrive et
« que tu vives longtemps [1]. » Si au moins, à défaut de l'Écriture, ils connaissaient leur intérêt!

Ce qu'on détruit de cette manière est incalcu-
lable; ceux qui ont habité la campagne savent
qu'il n'est pas rare de voir un enfant, au bout
de sa journée, rapporter une centaine d'œufs
de toute provenance [2].

Comment ces races sans défense ont-elles pu
survivre à cette guerre acharnée?... c'est un de
ces mystères que peut seule expliquer la mer-
veilleuse bonté avec laquelle Dieu répare sans

1. *Deutéronome,* XXII, v. 6 et 7.
2. D'après un calcul, qui ne peut évidemment être qu'ap-
proximatif, M. Gosselin estime qu'on détruit annuellement en
France de 80 à 100 millions d'œufs d'oiseaux : c'est par mille
milliards qu'il faut compter les insectes qu'auraient détruits les
oiseaux produits par ces œufs. (Note manuscrite communiquée
par M. Geoffroy Saint-Hilaire.)

cesse les fautes de l'homme, sa créature de prédilection.

Ne nous faisons pas d'illusion, toutefois : le mal est grand ; et si l'on n'y prend garde, bientôt peut-être sera-t-il sans remède.

Déjà des races utiles ont complétement abandonné notre pays. Pour n'en citer qu'un exemple, malgré les poétiques fictions qui semblaient devoir la protéger, la cigogne ne fait plus son nid sur les toits de nos maisons; elle ne traverse plus qu'à tire-d'aile un pays inhospitalier qu'autrefois elle purgeait de vipères et autres reptiles venimeux. Les petites espèces ont beaucoup diminué et diminuent chaque jour davantage; les insectes se multiplient en proportion et causent des dommages croissants à l'agriculture.

Le mal est grand, encore une fois, le danger imminent; il faut des remèdes prompts et énergiques... Voilà ce que vous crient les honorables pétitionnaires et, avec eux, nombre de conseils généraux, ainsi que les sociétés de tout genre qui s'occupent, à des titres divers, d'agriculture et de zoologie. C'est ce que vous répètent, avec un accord chaque jour plus unanime et plus pressant, les naturalistes et les agriculteurs les plus distingués, qui, par état ou par vocation, se sont occupés de cette question, MM. Geoffroy Saint-Hilaire, Florent-Prévost, Sacc, Gloger, Kœchlin, Dumast, Jouquières-Antonelle, Châtel, Gadebled, Valserres, et tant d'autres dont nous n'avons été, en ce rapport, que l'écho très-affaibli.

Ces remèdes, quels doivent-ils être?... C'est ce qui nous reste à examiner en peu de mots.

§ II. REMÈDES PROPOSÉS.

De la législation ancienne je n'ai rien à dire, sinon qu'en réservant aux seuls nobles le droit de chasser, le droit féodal, sans y penser assurément, a peut-être empêché l'anéantissement de bien des espèces utiles qui, avec le régime de la liberté de la chasse, eussent probablement disparu depuis longtemps du sol de la France : ce qui prouve que toute chose peut avoir son bon côté.

La loi du 3 avril 1790, en organisant, d'après les principes nouveaux, le droit de chasse, semble n'avoir pas même aperçu l'intérêt qu'il pourrait y avoir à conserver certaines espèces.

La loi du 3 mai 1844, la première depuis l'ordonnance de 1669, entra dans cette voie salutaire. Ses dispositions sont-elles suffisantes ? Les pétitionnaires le nient, et il semble que les pétitionnaires n'ont pas tout à fait tort.

I. En laissant de côté les dispositions de la loi qui tiennent à la police et au droit de propriété, et en restant dans la question spéciale soulevée par les pétitionnaires, votre attention, Messieurs les Sénateurs, peut se concentrer sur l'article 9 de la loi, dont les deux premiers alinéas sont ainsi conçus :

« **Art. 9.** *Dans le temps où la chasse est ou-*
« *verte,* le permis donne à celui qui l'a obtenu
« le droit de chasser, *de jour, à tir et à courre,*
« sur ses propres terres, et sur les terres d'au-
« trui, avec le consentement de celui à qui le
« droit de chasse appartient.

« *Tous autres moyens de chasse,* à l'exception
« des furets et des bourses destinés à prendre
« le lapin, *sont formellement prohibés.* »

Voilà qui ne laisse rien à désirer.

En premier lieu, on ne pourra chasser que
dans certaines saisons; et, sans doute, les Préfets
fixeront les époques d'ouverture et de clôture,
de façon à assurer largement la reproduction.

En second lieu, à l'égard des oiseaux, la loi
n'admet que deux modes de chasse : le tir au
fusil et la chasse à courre, dont les petites espèces insectivores ont peu à craindre.

En troisième lieu, et comme pour prévenir
toute équivoque, on interdit formellement l'emploi de tous autres moyens de chasse, filets,

gluaux, engins de toutes formes et de toutes dé-
nominations.

II. Si la loi s'en fût tenue à ces termes généraux, les pétitionnaires n'auraient pas eu besoin
de s'adresser au Sénat.

Malheureusement, à la suite de la règle, vient
une exception qui a tout gâté :

« Néanmoins, les Préfets des départements, sur
« l'avis des conseils généraux, *prendront* des arrê-
« tés pour déterminer : 1° l'époque de la chasse
« des *oiseaux de passage* autres que la caille, et
« les *modes et procédés de cette chasse;* 2° etc. »

Ainsi, par dérogation à la règle générale posée
au second alinéa, le troisième autorise l'emploi
des filets et autres engins pour la chasse des oiseaux de *passage* seulement. Quant aux oiseaux
de pays, comme on disait en 1844, c'est-à-dire
aux oiseaux *indigènes et sédentaires,* ils restent
sous la protection de la loi générale; ils ne peuvent être chassés qu'à tir ou à courre, et tout

arrêté préfectoral qui autoriserait à leur égard un autre mode de chasse, avec filets et engins quelconques, serait entaché d'illégalité et d'excès de pouvoir; car, encore une fois, ce droit n'est accordé aux Préfets que pour les oiseaux de passage et contre eux seulement : c'est une sorte d'*alien-bill*, qui ne veut pas mettre sur le même pied l'étranger et le régnicole.

Telle est la loi; telle est la distinction fondamentale sur laquelle repose le système.

En pratique, que vaut cette distinction?

III. Et d'abord, rien de plus vague, rien de moins précis que cette expression *oiseaux de passage*. Dans la discussion de la loi de 1844, tout le monde recula devant la difficulté d'une définition.

On comprend sous ce nom, et les palmipèdes et échassiers qui, venant des régions du Nord, ne font que traverser la France et, pour la plupart, descendent encore plus bas vers le Sud; et les espèces qui, bien que nées en France, doivent, pendant l'hiver, aller chercher plus au midi les insectes que notre pays ne fournit plus alors avec assez d'abondance, mais qui y reviennent avec les beaux jours. — On y comprend aussi plusieurs espèces qui, sans quitter la France, passent d'une province dans l'autre, quand elles ne trouvent plus dans la première de suffisants moyens d'existence.

Or, à ce compte, presque tous les oiseaux rentreraient dans la catégorie des oiseaux de passage; car il est fort peu d'espèces qui demeurent à poste fixe dans le même canton. En leur donnant des ailes, la nature a suffisamment indiqué que ces créatures étaient destinées à la vie du voyageur.

En fait, sur les 69 espèces d'oiseaux insectivores connues en France, 25 seulement sont *sédentaires,* en ce sens qu'elles naissent, vivent et meurent en France, restant, l'hiver comme l'été, dans le pays où elles sont nées. Quarante-quatre espèces naissent dans notre pays et y reviennent au printemps, mais ne peuvent y passer l'hiver parce que, pendant cette saison, elles ne trouveraient pas assez d'insectes pour se nourrir.

IV. Voici une autre face de la difficulté qui nous semble plus décisive encore.

Le loi et le Préfet peuvent bien restreindre aux oiseaux de passage l'emploi des engins et filets; mais devant ces filets et engins, plus puissants que le Préfet et la loi, tous les petits oiseaux jouissent de la plus complète égalité : dans leur cruelle impartialité, gluaux, filets, raquettes ne font, et ne peuvent faire, aucune distinction entre les oiseaux de pays et ceux de passage; tous y trouvent une égale mort.

Ainsi, à l'inverse du principe *exceptio firmat regulam*, c'est ici l'exception qui tue la règle; et il en sera ainsi tant que les Préfets n'auront pas inventé des engins assez intelligents pour distinguer le petit oiseau *de pays* du petit oiseau *de passage*, distinction qui, pour le dire

en passant, embarrassse les plus savants naturalistes.

V. Ce n'est pas tout. — Alors même que l'im-
possible deviendrait possible; alors même qu'on
pourrait distinguer, dans les petites espèces, les
oiseaux de pays des oiseaux de passage, la distinction faite entre eux ne se justifierait pas mieux,
au point de vue qui nous occupe. En effet, ainsi
que nous le disions tout à l'heure, sur les 69 espèces d'insectivores, 25 seulement sont sédentaires, 44 plus ou moins oiseaux de passage. Or,
quand les unes et les autres sont également né-
cessaires à l'agriculture, pourquoi autoriser la
destruction en masse de ceux-ci, tandis que l'on
promet à ceux-là la protection de la loi, protection bien illusoire, car on ne saurait frapper les
oiseaux de passage sans atteindre, du même
coup, les oiseaux de pays?

La distinction n'a donc aucune valeur dans
la pratique; son seul effet est de légitimer la

violation de la règle au moyen de l'exception.

VI. C'est que, Messieurs les Sénateurs, la
loi de 1844 fut conçue dans l'intérêt des chasseurs bien plus que dans celui de l'agriculture.

Ce qu'on voulait, c'était de conserver le gibier
proprement dit, faisans, perdrix et cailles. Quant
aux petits oiseaux, que dédaigne le véritable
chasseur, le texte et la discussion de la loi té-
moignent assez qu'on était peu frappé alors du
rôle important que leur a réservé la Providence
dans la loi mystérieuse de destruction, qui main-
tient l'équilibre et l'harmonie entre les diverses
parties de la création.

Voyez les articles 4 et 11. — Le premier dé-
fend de prendre les *œufs* et les *couvées* sur le
terrain d'autrui; le second prononce, pour ce
fait, la peine de 16 à 200 francs d'amende. —
Mais de quels œufs et de quelles couvées parle
la loi? Uniquement et exclusivement des œufs

et couvées des faisans, perdrix et cailles; ceux
de toutes les autres espèces sont abandonnés à
l'activité malfaisante des petits vauriens de nos
villages.

VII. Il y a bien, il est vrai, dans l'article 9,
un paragraphe qui *permet* aux Préfets de prendre des arrêtés *pour prévenir la destruction des
oiseaux;* et l'article 11, 3°, prononce l'amende
de 16 à 200 francs contre les contrevenants. Il
est manifeste qu'avec les termes élastiques d'une
telle délégation, les Préfets pourraient empê-
cher beaucoup de mal.

Mais, surchargés qu'ils sont par des soins divers, craignant d'ailleurs de heurter les préjugés
et les habitudes des populations, ces fonction-
naires n'ont guère usé jusqu'à ce jour du droit
que leur confère la loi, et ceux qui en ont usé
ne l'ont fait que fort imparfaitement. On peut
citer comme d'honorables exceptions les Préfets
du Loiret et du Haut-Rhin, ainsi que notre aimé

collègue M. Vaïsse, administrateur du département du Rhône.

Les pétitionnaires, d'accord avec beaucoup d'autres témoignages, vous signalent l'insuffisance de l'action préfectorale; et ce qui se passe depuis tant d'années dans le Var, les Bouches-du-Rhône et les départements de l'ancienne Lorraine prouve assez que les pétitionnaires sont dans le vrai.

Remarquez, en effet, Messieurs les Sénateurs, que les arrêtés de cette nature, ceux qui ont pour but de prévenir la destruction, sont purement *facultatifs;* tandis que ceux qui ont pour but d'autoriser la chasse des oiseaux de passage et d'en régler le mode, sont *obligatoires* pour les Préfets, en ce sens qu'ils ne peuvent se dispenser de les rendre.

C'est le renversement de ce qui devrait être; et cette fois encore, on est fondé à dire que la loi de 1844 ne protége efficacement que le gibier privilégié, cailles, perdrix et faisans.

VIII. Les causes du mal reconnues, les remèdes semblent faciles à indiquer.

1° Puisque c'est de l'exception que sont venus tous les abus, il faut supprimer l'exception relative aux oiseaux de passage et rentrer dans la règle du second alinéa, portant que *tous* moyens de chasse, autres que le *tir* et le *courre,* sont interdits.

Une première exception pourrait et devrait être admise pour les palmipèdes et les échassiers qui nous arrivent du Nord, et que l'on prend au filet, sur les bords de la mer. Cette exception se justifierait par l'abondance de ces espèces, par l'appoint assez important qu'elles offrent à l'alimentation de l'homme; enfin par le peu de services que les oiseaux de cette famille rendent à l'agriculture. — Une seconde exception pourrait être admise à l'égard des pigeons qui, chaque printemps, se présentent en bandes nombreuses dans les gorges des Pyrénées, où leur capture est, pour les habitants, la source d'un certain profit.

Mais, encore une fois, dans l'intérieur des terres et pour les petits oiseaux, plus de filets, plus de piéges d'aucune espèce ; que pour eux, comme pour les perdrix, cailles et faisans, le fusil soit le seul moyen de destruction : grâce à leur petitesse, beaucoup échapperont sans doute, au grand profit de nos récoltes.

2° Il conviendrait aussi qu'une disposition expresse généralisât le dernier paragraphe de l'article 4, en interdisant formellement l'enlèvement des œufs et des couvées de toute espèce, en exceptant, bien entendu, les oiseaux *nuisibles,* pour la destruction desquels il serait bon, au contraire, que des primes fussent établies [1].

A cette occasion, M. Marchal, l'un des pétitionnaires, a fait une observation qui mérite d'être relevée.

Dans son opinion, si beaucoup de Préfets hésitent à prohiber l'enlèvement des œufs, et si, quand pareil arrêté existe, les officiers de

1. Voir ci-dessus, pages 15 et 16.

police ferment souvent les yeux, cela tiendrait à la gravité des peines édictées par les articles 13, 14 et 15, peines qui peuvent s'élever de 16 à 600 francs, et même, en un certain cas, à 2,000 francs. Et comme la contravention est le plus souvent le fait d'enfants dont les parents sont civilement responsables, on ferme les yeux pour ne pas exposer à une sorte de ruine des parents dont le seul tort, après tout, est de tolérer des faits que semblent légitimer de très-vieilles habitudes. En permettant au juge d'abaisser la peine jusqu'à 1 franc, cette amende légère, augmentée des frais, constitue-rait un avertissement paternel qui mettrait à l'aise la conscience du juge, comme celle des officiers chargés de constater la contravention.

IX. Ce que je viens de dire conduit naturel-lement à une dernière considération, par laquelle je termine ce rapport, déjà trop étendu.

Il ne faut pas se le dissimuler, les réformes proposées par les pétitionnaires vont heurter bien des préjugés, bien des habitudes invétérées en certaines parties du pays. Ne conviendrait-il pas que la persuasion accompagnât ou même précédât les moyens de coercition?

Les pétitionnaires demandent donc que le Ministre de l'agriculture et celui de l'instruction publique s'entendent pour faire parvenir aux instituteurs primaires une instruction simple, claire, familière, qui pourrait occuper utilement quelques heures des classes [1].

Déjà plusieurs évêques, et à leur tête notre vénérable collègue le cardinal-archevêque de Bordeaux, ont pris l'initiative de cet enseigne-

[1]. Le Ministre de l'instruction publique du royaume de Prusse a adressé aux instituteurs une circulaire destinée à prévenir la destruction des œufs des oiseaux utiles (Geoffroy Saint-Hilaire, *de l'Acclimatation,* p. 120). — Des lois protectrices des oiseaux ont été portées en divers États de l'Allemagne, notamment dans la Hesse, le Wurtemberg, la Saxe, etc. (Tschudi, p. 28.)

ment moral autant qu'économique; il y a tout lieu d'espérer qu'ils seront secondés dans cette bonne œuvre par les respectables curés de nos campagnes.

Par ces diverses considérations, Messieurs les Sénateurs, votre Commission vous propose le renvoi des quatre pétitions à M. le Ministre de l'agriculture, du commerce et des travaux publics.

———

(Le Sénat prononce le renvoi au Ministre de l'agriculture, du commerce et des travaux publics.)

P. S. Nous donnons ci-après, à titre de spécimens, deux des tableaux de M. Florent-Prévost.

ÉTUDES EXPÉRIMENTALES
SUR LE CONTENU DE L'ESTOMAC DES OISEAUX
AUX DIVERSES ÉPOQUES DE L'ANNÉE

TABLEAU INDICATIF
DU RÉGIME ALIMENTAIRE DU MARTINET

ORDRE DES PASSEREAUX. — FAMILLE DES FISSIROTTES

Cypselus apus (Linné). Cypselus murarius (Cuvier).

ÉPOQUES.		ANIMAUX VERTÉBRÉS.	ANIMAUX ARTICULÉS.	ANNÉLIDES OU VERS.	MOLLUSQUES.	GRAINES ET FRUITS.	PARTIES VERTES DES VÉGÉTAUX.	NOMBRE DES INSECTES TROUVÉS DANS L'ESTOMAC.
Janvier		»	....	»	»	»	»	»
Février		»	....	»	»	»	»	»
Mars		»	....	»	»	»	»	»
Avril	15	»	Coléoptères	»	»	»	»	162
	19	»	Diptères, Coléoptères ...	»	»	»	»	619
	27	»	Diptères, Coléoptères ...	»	»	»	»	301
Mai	1	»	Coléoptères, Myriapodes.	»	»	»	»	701
	4	»	Scolytes, Diptères	»	»	»	»	360
	18	»	Coléoptères, Mouches...	»	»	»	»	680
	29	»	Altises, Mouches........	»	»	»	»	300
Juin	2	»	*Nitidula ænea*..	»	»	»	»	»
	8	»	*Alomaria linearis*.......	»	»	»	»	120
	14	»	Coléoptères, Névroptères.	»	».	»	»	214
	17	»	*Alomaria linearis*.......	»	»	»	»	601
	28	»	Taupins, Diptères........	»	»	»	»	400
Juillet	4	»	Mouches, Araignées.....	»	»	»	»	419
	11	»	Diptères, bruches.......	»	»	»	»	120
	20	»	*Altica nigripes*	»	»	»	»	501
	21	»	Calandre, Névroptères..	»	»	.	»	500
Août	5	»	Mouches, tipules	»	»	»	»	742
	19	»	Bostriches, Diptères.....	»	»	»	»	600
	29	»	Coléoptères, Araignées..	»	»	»	»	381
Septembre		»	....	»	»	»	»	»
Octobre		»	....	»	»	»	»	»
Novembre		»	....	»	»	»	»	»
Décembre		»	....	»	»	»	»	»

TOTAL des insectes détruits par 18 oiseaux.............. 8690

TABLEAU INDICATIF
DU RÉGIME ALIMENTAIRE DE LA FAUVETTE D'HIVER
ou Traine-Buisson

ORDRE DES INSECTIVORES. — FAMILLE DES BECS-FINS
Accenteur mouchet, Accentor modularis.

ÉPOQUES.		ANIMAUX VERTÉBRÉS.	ANIMAUX ARTICULÉS.	ANNÉLIDES OU VERS.	MOLLUSQUES.	GRAINES ET FRUITS.	PARTIES VERTES DES VÉGÉTAUX.
Janvier....	5	»	Larves, chrysalides............	»	»	»	Graines.
	9	»	Cloportes, Araignées.......«. ...	»	»	»	Baies.
	28	»	Diptères, mouches.............	»	»	»	»
Février....	7	»	Chrysalides.................	»	»	»	»
	17	»	Larves de diptères...........	»	»	»	»
	21	»	Diptères.................	»	»	»	»
Mars......	11	»	Cloportes, Coléoptères...........	Vers......	»	»	»
	14	»	Larves, Diptères........«	Lombrics..	»	»	»
	15	»	Larves de coléoptères	Vers......	»	»	»
	19	»	Coléoptères, Acarus............	»	Limaces...	»	»
	21	»	Cécidomyie, Larves........... ..	»	»	»	»
Avril......	7	»	Larves de charançons...........	»	»	»	»
	14	»	Coléoptères, larves............	»	»	»	»
	15	»	Charançons, calandres..........	»	»	»	»
	19	»	Coléoptères, Mouches...........	»	»	»	»
	21	»	Chrysalides, Hannetons..........	»	Œufs de li-maces.	»	»

Mois	Jour							
Mai	7	»	Coléoptères, larves	Vers.....	*	»	»	Fraises.
	12	»	*Calandra granaria*	»	»	»	»	»
	14	»	Teignes, œufs de fourmis	»	»	»	»	»
	20	»	Chenilles de lépidoptères	»	»	»	»	»
	29	»	Hannetons, Pucerons	Vers......	»	»	»	»
Juin	3	»	*Calandra granaria*	»	»	»	»	»
	7	»	Noctuelles	»	»	»	»	»
	7	»	Sauterelles, Mouches	»	»	»	»	»
	7	»	Tipules, cousins	Vers......	Limaces...	»	»	Fruits
	19	»	Larves de papillons	Vers......	Hélices ...	»	»	rouges.
Juillet	5	»	Sauterelles, *Bruchus pisi*	»	»	»	»	Cerises.
	7	»	Charançons, calandre	Vers......	»	»	»	Merises.
	12	»	Armadilles, *Hylobius*	»	»	»	»	»
	19	»	Phalène, cloportes	Vers......	»	»	»	»
	21	»	Papillon jules, bruche	»	Physes...	»	»	Groseilles.
Août	8	»	Coléoptère, bruche du pois	Lombrics..	»	»	»	»
	11	»	Larves de noctuelles	»	»	»	»	Fraises.
	30	»	Pyrale de la vigne	»	»	»	»	Divers.
	»	»	Diptères, larves de teignes	»	»	»	»	Fruits.
Septembre.	5	»	Coléoptères, fourmis	»	Hélices ...	»	»	»
	9	»	Taupins, bruches	»	»	»	»	»
	10	»	Chrysalides	»	»	»	»	»
	11	»	Cynips du chêne	»	»	»	»	»
	23	»	Araignées, vrillettes	»	»	»	»	»
Octobre. ...	11	»	Œufs de fourmis	»	»	»	»	»
	20	»	Jules, scutigères	»	»	»	»	»
	23	»	Pucerons	»	»	»	»	»
Novembre..	3	»	Chrysalides, larves	Vers......	»	»	»	»
	8	»	Armadilles, jules, fourmis	»	»	»	»	Baie du
	1	»	Araignées, œufs d'insectes	Vers......	»	»	»	rosier.
Décembre..	6	»	Cloportes	»	»	»	»	Baies.
	14	»	Larves, Chrysalides	»	»	»	»	»
	17	»	Chrysalides	»	»	»	»	»
		»						

PARIS. — J. CLAYE, IMPRIMEUR

7, RUE SAINT-BENOIT.

EXTRAIT DU CATALOGUE
DE
GARNIER FRÈRES
6, rue des Saints-Pères, et Palais-Royal, 215

GUIDES POLYGLOTTES
MANUELS DE LA CONVERSATION ET DU STYLE ÉPISTOLAIRE

A l'usage des voyageurs et de la jeunesse des écoles, par MM. CLIFTON, VITALI, CORONA BUSTAMANTE, EBELING, CAROLINO DUARTE. Grand in-32, format dit Cazin, papier satiné et élégamment cartonné. Prix, le vol. . . . . **2 fr.**

Jolie reliure toile. . . . . 50 c. par vol. en plus.

FRANÇAIS-ANGLAIS. 1 vol. in-32.
FRANÇAIS-ITALIEN. 1 vol. in-32.
FRANÇAIS-ALLEMAND. 1 vol. in-32.
FRANÇAIS-ESPAGNOL. 1 vol. in-32.
FRANÇAIS-PORTUGAIS. 1 vol. in-32.
ESPAÑOL-FRANCÉS. 1 vol. in-32.
ENGLISH-FRENCH. 1 vol. in-32.
ENGLISH-PORTUGUESE. 1 vol. in-32.
ESPAÑOL-INGLÉS. 1 vol. in-32.
ANGLAIS-ALLEMAND. 1 vol. in-32.
ESPAÑOL-ITALIANO. 1 vol. in-32.
PORTUGUEZ-FRANCEZ. 1 vol. in-32.
PORTUGUEZ-INGLEZ. 1 vol. in-32.

GUIDE EN SIX LANGUES. — Français-Anglais-Allemand-Italien-Espagnol-Portugais. 1 fort vol. in-16 de 550 pages. Prix. . . . . 5 fr.

Nous appelons d'une manière toute spéciale l'attention sur nos *Guides polyglottes*. Le soin intelligent et scrupuleux qui en a dirigé l'exécution leur assure, parmi les livres de ce genre, une incontestable supériorité. Le texte original a été fait et préparé, avec beaucoup d'adresse et d'habileté, par un maître de conférences à l'école normale supérieure. Les besoins de la conversation usuelle y sont très-heureusement prévus. Les dialogues, au lieu de se traîner dans l'ornière des banalités ennuyeuses, ont un à-propos, une vivacité, un sel, qui amusent et réveillent le lecteur. L'auteur a eu l'art de joindre l'*agréable* à l'*utile*. Les traducteurs se sont acquittés de leur tâche avec beaucoup d'exactitude et de fidélité, et leur travail mérite toute confiance.

NOUVEAU DICTIONNAIRE

ANGLAIS-FRANÇAIS ET FRANÇAIS-ANGLAIS

Contenant : Tout le vocabulaire de la langue usuelle et donnant la prononciation figurée de tous les mots anglais, et celle des mots français dans les cas douteux et difficiles, à l'usage de tous ceux qui étudient et qui parlent la langue anglaise, par M. Clifton. 1 fort vol. gr. in-32 jésus imprimé avec le plus grand soin. . . . . 4 fr. 50.

NOUVEAU DICTIONNAIRE

ALLEMAND-FRANÇAIS ET FRANÇAIS-ALLEMAND

Du langage littéraire, scientifique et usuel ; contenant à leur ordre alphabétique tous les mots usités et nouveaux de ces deux idiomes ; les noms propres de personnes, de pays, de villes, etc. La solution des difficultés que présentent la prononciation, la grammaire et les idiotismes ; et suivi d'un tableau des verbes irréguliers, par K. Roteke (de Berlin). 1 fort vol. grand in-32 jésus (édition galvanoplastique).4 fr. 50

NOUVEAU DICTIONNAIRE DE POCHE

FRANÇAIS-ESPAGNOL ET ESPAGNOL-FRANÇAIS

Avec la prononciation dans les deux langues, rédigé d'après les matériaux réunis par D. Vicente Salva; et les meilleurs dictionnaires parus jusqu'à ce jour. 1 fort vol. grand in-32, format dit Cazin, d'environ 1,100 pages.. . . . . . 5 fr.
Reliure percaline, tr. jaspée, de chacun de ces trois dictionnaires. 1 fr.

GRAND DICTIONNAIRE

ESPAGNOL-FRANÇAIS ET FRANÇAIS-ESPAGNOL

Avec la prononciation dans les deux langues, plus exact et
plus complet que tous ceux qui ont paru jusqu'à ce jour,
rédigé, d'après les matériaux réunis par D. Vicente Salva
et les meilleurs dictionnaires anciens et modernes, par F.
de P. Noriega et Guim. 1 fort volume grand in-8 jésus, d'environ 1,600 pages à 5 colonnes. . . . . 18 fr

DICTIONNAIRE NATIONAL

OUVRAGE ENTIÈREMENT TERMINÉ

Souscription permanente, 100 livraisons de 3 à 4 feuilles très-grand in-4 à 50 centimes

On peut retirer une ou plusieurs livraisons par semaine au choix des souscripteurs,

MONUMENT ÉLEVÉ A LA GLOIRE DE LA LANGUE
ET DES LETTRES FRANÇAISES

Ce grand Dictionnaire classique de la langue française con-
tient, pour la première fois, outre les mots mis en circulation par la presse, et qui sont devenus une des propriétés
de la parole, les noms de tous les peuples, anciens, modernes ; de tous les Souverains de chaque État ; des Institu-
tions politiques ; des Assemblées délibérantes ; des Ordres
monastiques, militaires ; des sectes religieuses, politiques,
philosophiques ; des grands Événements historiques : Guer-
res, Batailles, Siéges, Journées mémorables, Conspirations ;
Traités de paix, Conciles ; des Titres, Dignités, Fonctions,
des Hommes ou Femmes célèbres en tout genre ; des Personnages historiques de tous les pays et de tous les temps :
Saints, Martyrs, Savants, Artistes, Écrivains ; des Divinités,
Héros et personnages fabuleux de tous les Peuples ; des Re-
ligions et Cultes divers ; Fêtes, Jeux, Cérémonies publiques,
Mystères, Livres sacrés ; enfin la Nomenclature de tous les
Chefs-lieux, Arrondissements, Cantons, Villes, Fleuves,
Rivières, Montagnes et Curiosités naturelles de la France et
de l'étranger ; avec les Étymologies grecques, latines, ara-

bes, celtiques, germaniques, par M. BESCHERELLE aîné, auteur de la *Grammaire nationale*, du *Dictionnaire des verbes*, etc., etc. 2 magnifiques vol. in-4 de 3,400 pages à 4 colonnes, lettres ornées, etc., imprimés en caractères neufs et très-lisibles, sur papier grand raisin, glacé et satiné, renfermant la matière de plus de 300 volumes in-8. . 50 fr.

Demi-reliure chagrin. . . . . 10 »
— avec les plats en toile. . . . . 12 »

GRAMMAIRE NATIONALE

Ou Grammaire de Voltaire, de Racine, de Bossuet, de Fénelon, de J. J. Rousseau, de Bernardin de Saint-Pierre, de Chateaubriand, de Casimir Delavigne, et de tous les écrivains les plus distingués de la France; par MM. BESCHERELLE frères et LITAIS DE GAUX. 1 fort vol. in-8. . . . . 10 fr.

PETIT DICTIONNAIRE NATIONAL

Contenant la définition très-claire et très-exacte de tous les mots de la langue usuelle; l'explication la plus simple des termes scientifiques et techniques; la prononciation figurée dans tous les cas douteux ou difficiles, etc., etc., à l'usage de la jeunesse, des maisons d'éducation et de tous ceux qui ont besoin de renseignements prompts et précis sur la langue française; par BESCHERELLE aîné, auteur du *Grand Dictionnaire national*, etc. 1 fort vol. in-32 jésus de plus de 600 pages. . . . . 2 fr. 25

Élégamment relié en percaline à l'anglaise. . . 3 fr. »
Cartonné, dos toile. . . . . 2 fr. 75

DICTIONNAIRE USUEL DE TOUS LES VERBES FRANÇAIS

Tant réguliers qu'irréguliers; par MM. BESCHERELLE frères 3ᵉ édition. 2 forts vol. in-8 à 2 colonnes. . . . 12 fr. »

Ce livre est indispensable à tous les écrivains et à toutes les personnes qui s'occupent de la langue française, car le verbe est le mot qui, dans les discours, joue le plus grand rôle; il entre dans toutes les propositions, pour être le lien de nos pensées et y répandre la clarté et la vie; aussi les Latins lui avaient donné le nom de *verbum*, pour exprimer qu'il est le mot nécessaire, le mot par excellence. Mais le verbe doit être rangé dans la classe des parties du discours que les grammairiens appellent *variables*. Aucune, en effet, n'a subi de modifications aussi nombreuses et aussi variées. La conjugaison des verbes est sans contredit ce qu'il y a de plus difficile dans notre langue, puisqu'on y compte plus de trois cents verbes irréguliers. A l'aide de ce dictionnaire, tous les doutes sont levés, toutes les difficultés vaincues.

GRAND DICTIONNAIRE

ITALIEN-FRANÇAIS ET FRANÇAIS-ITALIEN

Par Barberi, continué et terminé par Basti et Cerati. 2 gros vol. in-4. 45 fr. net. . . . . 25 fr.

Ce dictionnaire donne la prononciation des mots, leur étymologie et leur sens expliqués et appuyés par des exemples. — Un grand nombre de termes techniques des sciences et arts. — La solution des difficultés grammaticales. — Le pluriel des substantifs et les divers temps des verbes quand ils ont une forme irrégulière. — Le genre des substantifs qui n'est point indiqué dans les autres dictionnaires italiens, etc. Le tout forme 2,500 pages in-4. Le conseil royal de l'instruction publique a examiné le grand *Dictionnaire Italien-Français et Français-Italien* de Barberi, continué et terminé par MM. Basti et Cerati. D'après la délibération du Conseil royal, ce dictionnaire sera placé dans les Bibliothèques des colléges. C'est, en effet, le travail le plus complet qui existe en ce genre et le meilleur guide pour l'enseignement approfondi des beautés de la langue italienne.

LE NOUVEAU MAITRE ITALIEN

Abrégé de la Grammaire des Grammaires italiennes, simplifié et mis à la portée de *tous les commençants, divisé par leçons*, avec des thèmes gradués pour s'exercer à parler dès les premières leçons et s'habituer aux inversions italiennes, par J. Ph. Barberi, auteur du grand *Dictionnaire Italien-Français*. 1 fort vol. in-8. Prix : 6 fr. net. . . . . 4 fr.

ŒUVRES DE M. FLOURENS

Secrétaire perpétuel de l'Académie des Sciences, membre de l'Académie française, etc.

Il serait inutile d'insister ici sur le mérite des œuvres de M. Flourens. Leur succès et leur débit en disent plus que tous les éloges. La vogue populaire ne leur est pas moins assurée que le succès scientifique.

De la Vie et de l'Intelligence. 2ᵉ édition. 1 vol. gr. in-18 anglais. . . . . 3 fr. 50

Circulation du sang (histoire de sa découverte). 2ᵉ édition, revue et augmentée. 1 vol. grand in-18 anglais. . 3 fr. 50

Cet ouvrage est le plus complet, le meilleur à tous les points de vue, qui ait été publié sur cette matière.

Éloges historiques, lus dans les séances publiques de l'Académie des sciences. 2 vol. gr. in-18. Chaque vol.. 3 fr. 50

On se rappelle le succès qu'ont obtenu, dans les séances publiques de l'Académie des sciences, les charmants *Éloges historiques* du secrétaire perpétuel, M. Flourens. Ce sont autant de petits chefs-d'œuvre dont l'ensemble offre une lecture aussi attrayante que variée.

Éloge historique de François Magendie, suivi d'une discussion sur les titres respectifs de MM. Bell et Magendie à la découverte des fonctions distinctes des racines des nerfs. 1 vol. grand in-18 anglais. . . . . 2 fr.

De la Longévité humaine et de la quantité de vie sur le globe. 4ᵉ édition, revue et augmentée. 1 vol. grand in-18 anglais. 3 fr. 50

Histoire des travaux et des idées de Buffon. 2ᵉ édition, revue et augmentée. 1 vol. grand in-18 anglais. . 3 fr. 50

Cuvier. — Histoire de ses travaux. 3ᵉ édition, revue et augmentée. 1 vol. grand in-18.. . . . . 3 fr. 50

Fontenelle, ou de la Philosophie moderne relativement aux sciences physiques. 1 vol. grand in-18 anglais. . . . 2 fr,

De l'Instinct et de l'Intelligence des animaux. 3ᵉ édition entièrement refondue et augmentée. 1 vol. grand in-18 anglais.. . . . . 2 fr.

Examen de la phrénologie. 3ᵉ édition, augmentée d'un
Essai physiologique sur la folie. 1 vol. grand in-18 anglais. . . . . 2 fr.

ŒUVRES COMPLÈTES DE BUFFON

SOUSCRIPTION PERMANENTE. — 400 LIVRAISONS A 30 CENTIMES

Avec la nomenclature linnéenne et la classification de Cuvier.
Édition nouvelle, revue sur l'édition in-4 de l'imprimerie
royale; annotée par M. FLOURENS, membre de l'Académie
française, secrétaire perpétuel de l'Académie des sciences,
professeur au Muséum d'histoire naturelle. Les *Œuvres
complètes de Buffon* forment 12 vol. gr. in-8 jésus, illustrés
de 161 planches, 800 sujets coloriés, gravés sur acier, d'après
les dessins originaux de M. VICTOR ADAM; imprimés en caractères neufs, sur papier pâte vélin, par la typographie
J. Claye. . . . . 120 fr.

M. le ministre de l'instruction publique a souscrit, pour les
bibliothèques, à cette magnifique publication (aujourd'hui
complétement achevée), reconnue par les hommes les plus
compétents comme une édition modèle des œuvres du grand
naturaliste. Le nom et le travail de M. Flourens la recom-
mandent d'une façon toute particulière et lui donnent un ca-
chet spécial.

Pour satisfaire aux nombreuses demandes des personnes qui
préfèrent l'acquisition par volume à la vente par livraisons,
nous avons ouvert une souscription par demi-volumes du prix
de. . . . . 5 fr.

Reliure demi-chagrin, tranche jaspée. . 3 fr. 50 c. le vol.

OUVRAGES DE M. JOSEPH GARNIER

Traité d'économie politique. Exposé didactique des principes et des applications de cette science et de l'organisation
économique de la société. (1ʳᵉ édition, 1845; 2ᵉ, 1848; 3ᵉ édit.
française, refondue et augmentée, 1857; 4ᵉ édition considé-
rablement augmentée, 1860.) Ouvrage adopté pour l'enseignement dans plusieurs universités. 1 très fort vol. grand
in-18 jésus. . . . . 2 fr. 50

Du Principe de population. Énergie de ce principe.—Avantages et maux qui peuvent en résulter. — Obstacles qu'il rencontre ou qu'on peut lui opposer. — Remèdes pour en contre-balancer les effets. — Théories économiques, politiques, morales et socialistes auxquelles il a donné lieu: Contrainte morale; — Réformes économiques, politiques t sociales; — Émigration; — Charité; — Socialisme; — Droit au travail, etc. 1 vol in-18 jésus. . . . . 5 fr. 50

Éléments de finances, faisant suite au Traité d'économie politique. (Statistique, Impôts, Emprunts, Misère, etc. 1 fort vol. grand in-18 jésus. . . . . 5 fr. 50
Ces trois ouvrages constituent un cours d'études pour les questions qu'embrasse l'économie politique.

Abrégé des Éléments d'Économie politique, ou premières notions sur l'organisation de la société laborieuse et sur l'emploi de la richesse individuelle et sociale, suivies d'un Vocabulaire des termes d'économie politique, de finances, etc., et de la Science du *Bonhomme Richard.* 1 vol. gr. in-32. . . . . 2 fr.

Traité des mesures métriques (Mesures.—Poids.—Monnaies). Exposé succinct et complet du système français métrique et décimal; avec une notice historique, avec gravures intercalées dans le texte. 1 vol. in-18 . . . . 75 c.

MANUEL DU CAPITALISTE

Ou Comptes faits des intérêts à tous les taux, pour toutes sommes, de 1 jusqu'à 366 jours, ouvrage utile aux négociants, banquiers, commerçants de tous les états, trésoriers, receveurs généraux, comptables, généralement aux employés des administrations de finances et de commerce et à tous les particuliers, par BONNET, ancien caissier de l'Hôtel des Monnaies de Rouen, auteur du *Manuel monétaire.* Nouvelle édition, augmentée d'une Notice sur l'intérêt, l'escompte, etc., par M. Joseph GARNIER, professeur à l'École supérieure du Commerce et à l'École impériale des ponts et chaussées; revue

pour les calculs, par M. X. Rimkievicz, calculateur au Crédit
foncier de France. 1 beau vol. in-8. . . . . 6 fr.

Ce livre, éminemment commode pour les opérations financières, qui ont pris une si grande extension, est devenu, par
le soin extrème donné à sa révision, et par les excellentes ad-
ditions et corrections qu'on y a faites, un ouvrage de première
utilité pour tous les comptables, tous les négociants, tous les
banquiers, toutes les administrations financières. Aussi est-il
recherché et demandé avec le plus vif empressement.

DES OPÉRATIONS DE BOURSE

Manuel des fonds publics et des Sociétés par actions dont les
titres se négocient dans les Bourses françaises, précédé d'une
appréciation des opérations de Bourses dites de jeu, et des
rapports de la Bourse avec le crédit public et les finances
de l'État, par M. A. Courtois fils, membre de la Société libre
d'économie politique de Paris. 5ᵉ édition, entièrement refondue. 1 vol. grand in-18 jésus.. . . . . 3 fr. 50

Le rapide succès de ce livre en indique assez le mérite. Les
améliorations importantes apportées à cette nouvelle édition
en font un ouvrage nouveau.

NOUVEAU MANUEL

THÉORIQUE ET PRATIQUE DE LA TENUE DE LIVRES

En partie double, d'après le système du Journal Grand-Livre,
par M. P. Ravier, ancien professeur de Tenue de livres et
de Droit commercial au collége de Mâcon (Saône-et-Loire),
arbitre de commerce à Lyon. 2ᵉ édit. 1 joli vol. in-8. 5 fr.

GÉOGRAPHIE UNIVERSELLE

Par Malte-Brun. Description de toutes les parties du monde
sur un nouveau plan, d'après les grandes divisions du globe.
précédée de l'histoire de la géographie chez les peuples anciens et modernes, et d'une théorie générale de la géographie
mathématique, physique et politique. 6ᵉ édition, revue, cor-
rigée et augmentée, mise dans un nouvel ordre et enrichie

de toutes les nouvelles découvertes, par J. J. N. Huot. 6 beaux vol. gr. in-8, ornés de 64 gravures sur acier.. . . .   60 fr.

Demi-reliure chagrin. . . . .   3 fr. 50 le vol.

Avec un superbe Atlas entièrement établi à neuf. 1 vol. in-fol., composé de 72 magnifiques cartes coloriées, dont 14 doubles. Cartonné. . . . .   80 fr.

On peut acheter l'Atlas séparément. . . . .   20 fr.

On se plaignait généralement de la sécheresse de la géographie, lorsque, après quinze années de lectures et d'études, Malte-Brun conçut la pensée de renfermer dans une suite de discours historiques l'ensemble de la géographie ancienne et moderne, de manière à laisser dans l'esprit d'un lecteur attentif l'image vivante de la terre entière, avec toutes ses contrées diverses, et avec les lieux mémorables qu'elles renferment et les peuples qui les ont habitées ou qui les habitent encore.

DICTIONNAIRE GÉOGRAPHIQUE, STATISTIQUE ET POSTAL

DES COMMUNES DE FRANCE

Dédié au commerce, à l'industrie et à toutes les administrations publiques, par M. A. Peigné, auteur du Dictionnaire portatif de la langue française et de plusieurs ouvrages d'instruction. Cet ouvrage, par la multiplicité et l'exactitude des renseignements qu'il fournit, est indispensable à tout commerçant, voyageur, industriel et employé d'administration, dont il est le *vade-mecum*. 1 fort vol. grand in-18 cart., orné d'une belle carte de France. . . . .   5 fr.

OUVRAGES RELIGIEUX

LES SAINTS ÉVANGILES

ÉDITION CURMER

Par M. l'abbé Dassance, selon saint Marc, saint Matthieu, saint Luc et saint Jean. 2 splendides vol. grand in-8 jésus, illustrés de 24 magnifiques gravures sur acier et sur bois, et d'un beau frontispice or et couleur. Brochés, 48 fr.; net. . . . .   25 fr.

Reliure chagrin, tranche dorée, le vol.. . . . . .   12 fr.
— dem.-chag., tr. dor., plats toile (2 v. en 1).   7 fr.

LES ÉVANGILES

Par F. LAMENNAIS. Traduction nouvelle, avec des notes et des réflexions. 2ᵉ édition, illustrée de 10 gravures sur acier, d'après Cigoli, le Guide, Murillo, Overbeck, Raphaël, Rubens, etc. 1 vol. in-8 cavalier vélin, 10 fr.; net. . . 6 fr.

Reliure demi-chagrin, plats en toile, tr. dorée. . 4 fr. 50

SAINT VINCENT DE PAUL

Histoire de sa vie par l'abbé ORSINI, 1 magnifique vol. grand in-8 jésus, illustré de 10 splendides gravures sur acier, tirées sur chine avant la lettre d'après Karl Girardet, Leloir, Meissonnier, Staal, etc., gravées par nos meilleurs artistes. . . . . : . . . 12 fr.

Reliure en toile mosaïque, riche plaque spéciale tr. dorée. . . . . 6 fr. »
— demi-chagrin, plats en toile, tr. dorée. 6 fr. 50

IMITATION DE JÉSUS-CHRIST

Traduite par l'abbé DASSANCE, avec approbation de Mgr l'archevêque de Paris, édition CURMER, avec encadrements variés, frontispice or et couleur, et 10 gravures sur acier. 1 vol. gr. in-8 jésus, 20 fr.; net. . . . . 15 fr.

Reliure chagrin, tranche dorée. . . . . 12 fr.
— demi-chagrin, tranche dorée, plats toile. 6 fr.

LES VIES DES SAINTS

POUR TOUS LES JOURS DE L'ANNÉE, nouvellement écrites par une réunion d'ecclésiastiques et d'écrivains catholiques, publiées en 200 livraisons, classées pour chaque jour de l'année par ordre de dates d'après les martyrologes et Godescard; illustrées d'environ 1,800 gravures.

L'ouvrage complet forme 4 beaux vol. grand in-8; chaque vol. se compose d'un trimestre et forme un tout complet, 10 fr. le vol. L'ouvrage complet, 40 fr.; net.. . . . . 24 fr.

Reliure des 4 vol. en 2 vol., demi-chagrin, plats toile, tr. dorée. 14 fr.
— Reliure des 4 vol. en deux vol., tr. dorée. 12 fr.

Les VIES DES SAINTS, ayant déjà obtenu l'approbation des

Archevêques de Paris, de Cambrai, de Tours, de Bourges, de Reims, de Sens, de Bordeaux et de Toulouse, et des évêques de Chartres, de Limoges, de Bayeux, de Poitiers, de Versailles, d'Amiens, d'Arras, de Châlons, de Langres, de la Rochelle, de Saint-Dié, de Nîmes, de Rodez, d'Angers, de Nevers, de Saint-Claude, de Verdun, de Metz, de Montpellier, de Gap, de Nancy, d'Autun, de Quimper, de Strasbourg, d'Evreux, de Saint-Flour, de Valence, de Cahors et du Mans, sont appelées à un très-grand succès.

Il nous reste environ 20,000 livraisons dépareillées. Chacune de ces livraisons, renfermant plusieurs vies de saints et illustrée de plusieurs gravures, forme un tout complet. Ce serait donc une excellente occasion pour les personnes qui sont dans le cas d'offrir des encouragements et des récompenses aux enfants, puisque, indépendamment du mérite de la gravure, ces livraisons ont l'avantage d'une lecture utile et intéressante, et, par cela même, sont bien préférables aux images qu'on offre d'ordinaire. Prix de la livraison. 15 c.

ŒUVRES COMPLÈTES DE CHATEAUBRIAND

Nouvelle édition, précédée d'une étude littéraire sur Chateaubriand par M. Sainte-Beuve, de l'Académie française. 12 volumes in-8, papier cavalier vélin, ornés d'un beau portrait de Chateaubriand.

Notre édition réunit à la fois tous les avantages d'un prix modéré, d'une excellente typographie et d'une correction faite d'après les meilleurs textes. Elle sera enrichie d'une Etude très-complète sur Chateaubriand, par M. Sainte-Beuve, et de Notes inédites extrêmement curieuses.

CONDITIONS DE LA SOUSCRIPTION

Cette édition, supérieurement imprimée par Claye, sur papier cavalier vélin des Vosges, de premier choix, sera pourtant d'un prix inférieur à celui des éditions précédentes; elle contiendra tous les ouvrages publiés du vivant de l'auteur, et formera douze volume qui paraîtront, tous les quinze jours, par demi-volume du prix de 2 fr. 50 c., ou chaque mois, par volume du prix de 5 fr.

Prix de chaque volume orné de 3 à 5 gravures. . . . . 6 fr.